我的小问题 · 科学Q

U0184627

感 觉

［法］安热莉克·勒图泽 / 著

［法］马克 - 艾蒂安·潘特 / 绘

唐 波 / 译

北京时代华文书局

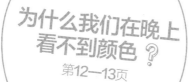

什么是感觉？

感觉就像我们身体里的一支科学家队伍，不停地分析着我们周围的一切。

我们知道这个世界充满了色彩、气味和声音，这要归功于我们的感觉。如果没有感觉，那将是一件多么令人悲伤的事！

所有的动物都有感觉，即使是最小的昆虫也不例外！因为感觉对于生存来说是必不可少的。

人类最熟悉的感觉是**味觉**、**嗅觉**、**听觉**、**触觉**和**视觉**。正因为有了它们，我们才能享用美食、闻到花香、听到鸟儿的欢唱、轻抚柔软的猫咪、欣赏日落的美景。

感觉也能警告我们危险的存在。

一块牛排散发的难闻气味告诉我们：如果我们吃了它，可能会引起身体不适。

在路上快速行驶的汽车所发出的声音警告我们不要穿越马路。

杰基姨妈的脸因为生气变成了红色，这表明有人做错了事，他必须做好弥补过失的准备。

小实验

数数你有多少种感觉！

1. 站在一个安静的地方。

2. 将注意力集中到你的感官所接收到的所有信息上。

3. 将这些信息按照感官分类。比如，听觉：远处鸟儿的叫声、汽车的声音、你肚子里发出的咕噜声；视觉：公园里的草坪和树木、天空中的云朵等。

4. 那么，你有多少种感觉？你确定你数清楚了吗？

翻到下一页以便了解更多！

我们有多少种感觉？

咕噜咕噜，我们的肚子叫了。毫无疑问，我们饿了！但是我们并不需要靠这个声音才知道肚子饿了，我们的身体本身就能感觉到：这便是饥饿感——另一种感觉。

是的，与我们通常所认为的不同，我们有五种以上感觉，实际上，我们的感觉超过了十种！因为我们不仅要监测我们周围发生了什么，还要监测我们身体内部发生了什么……

饥饿感会告知我们我们的胃空了，**饱腹感**则让我们知晓我们已经吃饱了。真是不可思议！由此可见，还存在许多其他感觉！

还没完呢！我们还有以下感觉：

平衡觉，这是对平衡的感知，它能让我们保持平衡。

温度觉，这是对温度的感知，它能让我们知道某物是热的还是冷的。

痛觉，这是某物伤害到我们时产生的一种不愉快的感觉。

本体觉，这是能让我们觉知到我们身体的不同部位处在什么位置的感觉。

还有更多……

所有感觉都是以相同的方式工作的：只需要有一些专门的**感受器**来接收信息就行了。当它们接收到一条信息，比如一张图像、一种气味或一种味道时，会将该信息传送给位于头部的**大脑**。

在大脑里，所有由专门的感受器传来的信息都汇集在一起，被大脑分析，并与大脑已知的信息进行比较。通过比较，大脑会命令我们的身体做出反应。

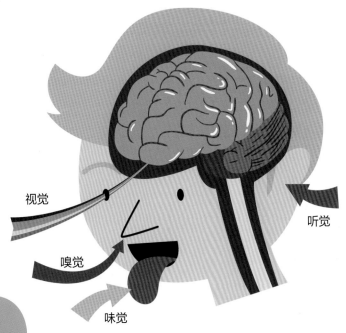

视觉

嗅觉

味觉

听觉

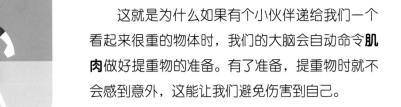

这就是为什么如果有个小伙伴递给我们一个看起来很重的物体时，我们的大脑会自动命令**肌肉**做好提重物的准备。有了准备，提重物时就不会感到意外，这能让我们避免伤害到自己。

为什么我们的鼻子里会长毛？

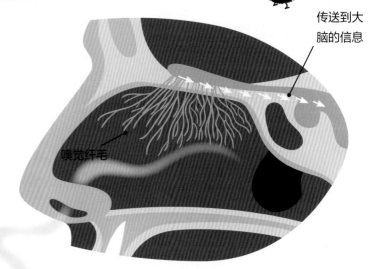

鼻子里长了毛，感觉很滑稽，但这些鼻毛是非常有用的！它们能阻挡空气里的大颗粒灰尘，防止其进入我们的身体并损害我们的肺。

如果我们在**显微镜**下观察鼻子的深处，就能看到另外一些细小的毛束：**嗅觉纤毛**。它们像成千上万个手臂一样捕捉飘过的气味，就是它们负责我们的嗅觉的。

传送到大脑的信息

嗅觉纤毛

我们的整个身体都是由非常微小的结构——**细胞**组成的。有些细胞专门负责与大脑进行信息交换，这些细胞就是**神经元**。所有的感觉都会用到神经元。而嗅觉纤毛正是神经元的一部分。

热腾腾的面包的气味飘进我们的鼻子时，会附着在嗅觉纤毛上。神经元会立即将信息传送给大脑，大脑会对这种气味进行分析并得出结论："注意了，好吃的面包就在附近！"如果我们饿了，就会立即产生走进面包店的强烈意愿……

嗅觉是我们最灵敏的感觉。有些人可以分辨出 1 万多种不同的气味！

小实验

闻起来像什么?

1. 将你一个小伙伴的眼睛蒙上，让他闻不同的东西：烤面包片、鲜花、泥土、香水、狗粮、盐、矿泉水……

2. 让他猜猜他闻到的是什么。

3. 太厉害了！他能识别出几十种气味！

你注意到了吗? 盐和矿泉水是没有气味的。不过，烧烤的气味，尤其是烧焦的气味，是很容易识别的。这是因为这种气味来自危险的东西——火。身体知道如何快速识别气味，以使我们能迅速做出反应，比如逃跑。

为什么脚底会痒呢 ❓

我们的皮肤上布满了感受器，这些感受器能检测到我们身上所发生的一切。感受器越多的部位，对所触碰的东西就越敏感。

我们的身体拥有感受器最多的部位之一就是脚底。我们之所以能保持平衡，也要部分归功于脚底。而在我们的背部，感受器要少得多。这就是为什么我们的脚底怕痒，而背部就不会！

手掌、嘴唇，尤其是指尖，也都布满了**感受器**，这些感受器能将我们所触碰的一切都告诉大脑。

小实验

使自己发痒

1. 试着在自己的脚底、腋下、脖子上挠痒痒。但是这样你不会觉得痒，因为你的感觉已经将你的意图告诉给大脑了，大脑使你做好了被挠痒痒的准备！

2. 淋浴时，伸出舌头，让水喷洒在舌头上。哎呀！好痒！这是因为水同时从多处使你发痒，令你无法做好准备。痒啊！

（提示：洗澡的水不能饮用，实验后记得漱口哟！）

这些感受器位于我们皮肤的不同位置，有一些在皮肤深处，还有一些则更接近皮肤表面。

有些感受器能检测到鞋子太小挤脚时脚上的压力。

有些感受器能感受到一只蚂蚁在我们手臂上爬行时所造成的轻微**触觉**。正因为有了这些感受器，盲人才能用手指"阅读"**盲文**。

四种触觉感受器 ➡

有些感受器能让我们感觉到皮肤的拉伸，比如我们屈腿时膝盖处的皮肤的拉伸。

有些感受器能感觉到**振动**，比如一只猫发出呼噜声时其身体的振动。

皮肤还可以保护我们的身体免受外界的侵害和**感染**，并能防止我们体内的水分和热量流失。

为什么我们在晚上看不到颜色？

"夜里，所有的猫都是灰色的。"这种说法并不是毫无根据的！天黑后，我们的眼睛是看不到颜色的……

为了明白为什么会这样，让我们看看眼睛的底部，那里是负责**视觉**的**细胞**所在的位置。这些细胞有两种：一种是**视锥细胞**，看起来有点儿像冰激凌蛋卷；另一种是**视杆细胞**，它们的形状看起来像薯条。

眼睛底部

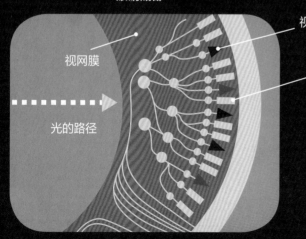

视网膜

光的路径

视锥细胞

视杆细胞

多亏了视锥细胞，我们才能看到颜色，但仅仅在光照下才能看到。至于视杆细胞，它们能让我们在昏暗的光线下看到物体的形状，但是看不到颜色！

我们能看到周围的事物，是因为一些光在进入我们的眼睛之前，在这些物体上发生了反射。我们以为光是透明的，实际上，它是由多种颜色组成的！

草莓是红色的，那是因为它**吸收**了除红色以外的所有颜色的光，而红色光则被反射到了我们的眼睛里。

裤子是黑色的，那是因为它吸收了所有颜色的光，没有一种光被反射到我们的眼睛里。

纸张是白色的，是因为它没有吸收任何颜色的光，并将所有光都反射到了我们的眼睛里。

1. 在虹膜（即眼睛的有色部分）中间，有一个黑色的圆圈，那就是瞳孔。光线就是从瞳孔进入眼睛的。

3. 晶状体将物体上下颠倒的图像传送到眼睛底部的视网膜上。

4. 在视网膜的视锥细胞和视杆细胞的帮助下，图像被传送给大脑。

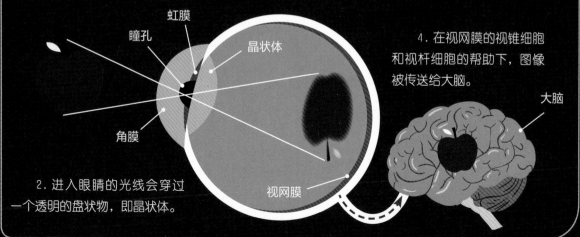

虹膜

瞳孔

晶状体

大脑

角膜

2. 进入眼睛的光线会穿过一个透明的盘状物，即晶状体。

视网膜

耳垢有什么用？

我们耳朵里的耳垢学名耵聍（dīngníng），它是由我们的耳朵自己产生的，其作用是保护我们的听觉。

微生物、灰尘和死皮要小心了：**耳垢**在那里呢！耳垢会将这些东西从耳朵中清除出去，以防它们损害**鼓膜**。鼓膜是一层非常脆弱的薄膜，能够接收声音。

耳朵的构造是如此精密，它能将声音（也就是空气的**振动**）转化为电信号（也就是**大脑**能够识别的语言）。而这一切要归功于隐藏于耳朵深处、布满纤毛的小**细胞**——毛细胞。

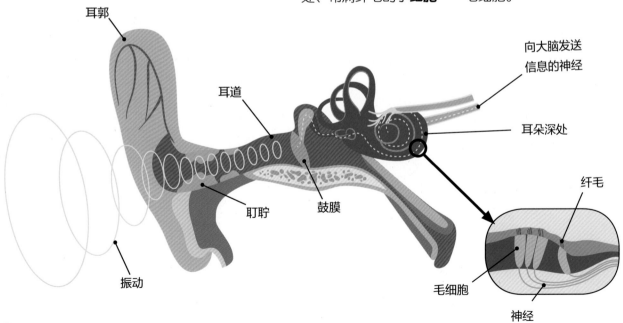

耳郭

耳道

向大脑发送信息的神经

耳朵深处

纤毛

耵聍

鼓膜

毛细胞

神经

振动

声音进入耳朵时，首先会引起鼓膜的振动。

接下来，振动传达到内耳中的液体里，从而引起了长在毛细胞上的纤毛的摆动。

然后，这些细胞将信息发送给大脑。这一切发生得都非常快。

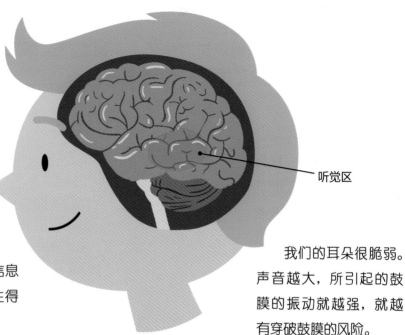

听觉区

我们的耳朵很脆弱。声音越大，所引起的鼓膜的振动就越强，就越有穿破鼓膜的风险。

通往鼓膜的管道（也就是耳道）是非常短的：成年人的耳道只有3厘米长，而7岁以下孩童的耳道就更短了。

小实验

学会清洁耳朵

耳朵能够自我清洁，大多数时候，我们不需要去触碰它。但是，如果有时候耳郭里有**耳垢**，你可以将它清除：洗头时用淋浴头喷出的温水清洗或者用蘸有生理盐水的棉球擦洗。清洁耳朵时，从始至终都要动作轻柔，不要用力。

注意，不要触碰鼓膜！

为什么感冒时味觉会改变 ❓

感冒时，我们会觉得味觉消失了，不管吃什么都无济于事。这个问题出现的原因就在我们的鼻子里！

嘴和鼻子通过一根管道，即**咽**相连。当我们吃东西的时候，食物的**香气**会通过咽上升，从嘴巴一直到达鼻子的深处，就是在那儿，气味被识别了出来。这就是**鼻后嗅觉**，它在很大程度上影响着味觉！

感冒时，**鼻涕**会阻塞我们的鼻子，鼻后嗅觉就不再起作用了。这就是为什么所有的东西吃起来都那么**淡而无味**！

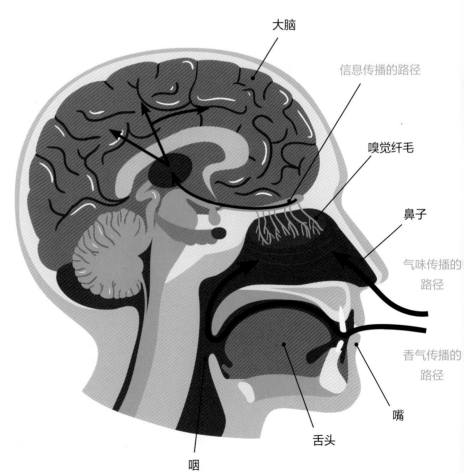

大脑

信息传播的路径

嗅觉纤毛

鼻子

气味传播的路径

香气传播的路径

嘴

舌头

咽

剩下的一部分味觉是由分布在舌头前后部的上万个细小凸起——**味蕾**提供的。味蕾里隐藏着成千上万个与大脑相连的**感受器**：味觉细胞。

舌头（俯视图）

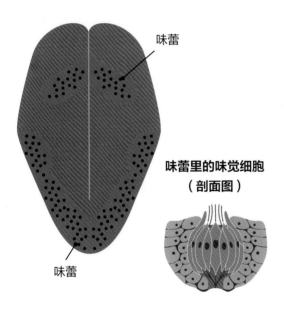

味蕾

味蕾

**味蕾里的味觉细胞
（剖面图）**

多亏了味觉细胞，我们能识别出五种味道：甜、咸、酸、苦，还有鲜味——在酱油、肉或西红柿等食物中可以得到。

可能还存在着其他能被味蕾识别的味道，比如"肥"味，也就是脂肪的味道！

小实验

测试你的味蕾！

1. 拿一个苹果以及一种气味浓烈的食物，比如羊乳干酪。

2. 咬一口苹果并试着记住它的味道。

3. 紧紧捏住鼻子，然后再咬一口苹果。会发生什么？

4. 将羊乳干酪放在鼻子底下，吸入它的气味的同时咬一口苹果。还是一样的味道吗？

闻不到味儿或者有不同气味的东西在鼻子底下时，食物的味道会变得没那么浓厚了。所以，没有嗅觉就没有味道！

在黑暗中，我们是怎么知道自己的膝盖在哪儿的 ❓

在黑暗中，我们很难找到我们旁边的人的膝盖，但是如果去触碰自己的膝盖的话，能够毫不迟疑地准确摸到它。这是因为我们的身体里有许多微小的 GPS（定位系统）……

这些"迷你 GPS"是一种我们意识不到的、非常重要的感觉——**本体觉**的**感受器**。多亏了这种感觉，我们的**大脑**才能一直知道身体的各个部位在什么位置。这样，我们走路时就没有必要看着脚了！

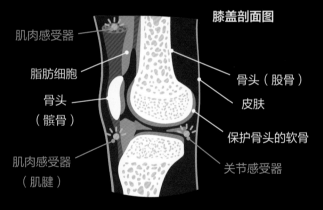

膝盖剖面图

- 肌肉感受器
- 脂肪细胞
- 骨头（髌骨）
- 肌肉感受器（肌腱）
- 骨头（股骨）
- 皮肤
- 保护骨头的软骨
- 关节感受器

本体觉的这些"迷你 GPS"都隐藏在我们的**关节**和**骨骼肌**里，这些关节和骨骼肌使我们能够运动。

它们会将肌肉和关节的运动传递给大脑。

自我们出生以来，大脑就在花时间学习怎么做每一个动作，它甚至为我们的身体绘制了一张图：身体图式。每一天，大脑都会通过我们学到的东西来完善这张图。

当一个人在事故中失去一条腿时，很长一段时间内，他可能都会觉得那条腿仍然存在。他甚至会感觉到幻肢的疼痛：他的大脑需要时间去改变身体图式。

运动员的本体觉非常发达，比如那些杂技运动员。

小实验

通过玩杂耍来改善你的本体觉！

你需要三个不同颜色的球以及一个较大的空间。

1. 如果你是右利手，那么左手拿一个球，右手拿两个。如果你是左利手，则左手拿两个，右手拿一个。

2. 将右手里的球抛出一个。当球达到最高点时，抛出左手里的球。

3. 用左手接住第一个球。当第二个球到达最高点时，将右手握着的第三个球抛出。

4. 用右手接住第二个球。当第三个球到达最高点时，将第一个球再次抛出。就这样循环下去！

为什么有时我们在车上会感到不舒服？

想要呕吐，头晕目眩……对于患有晕动病的人来说，旅行会变得非常辛苦。

在汽车行驶的过程中，我们控制平衡的感觉，即**平衡觉**，会向**大脑**发送一些相互矛盾的信息：风景在移动，我们却保持静止。有时候，大脑会不知道如何做出反应，就会使我们感觉到不舒服。

平衡与**肌肉**有关。我们什么都不做时，我们的骨骼肌也会有一点紧绷，它们能让我们保持站立并随时做出反应，这就是肌张力。肌张力是自主发生的，无须大脑控制。

举个例子，当我们行走时，为了把信息传递给大脑，就需要有专门控制平衡的器官，这个器官就是**前庭**，它位于我们耳朵的最深处。

前庭内部有一种液体以及一些很小的晶体，它们会随着我们的头部一起运动。这样，我们的大脑就会一直知道我们头部的运动方向了。

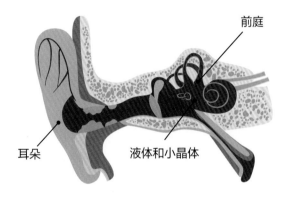

前庭

耳朵　　　　　液体和小晶体

但仅仅知道我们的头部是向左转还是抬高向上看并不足以令我们保持平衡，大脑还会利用来自**视觉**、**本体觉**以及**触觉**等其他感觉的信息。

你能很好地保持平衡吗？

1. 保持站立，只穿袜子或者光着脚。将一条腿弯曲起来并靠着另一条腿，只用一只脚站立。

2. 双手叉腰，闭上眼睛。

3. 计时，看看你能保持这个姿势多长时间。

4. 换另一只脚试试！

如果你经常做这个练习，你的身体会逐渐适应，肌肉也会变得发达，你就能保持更长的时间。

21

什么是鸡皮疙瘩？

在寒冷的刺激下，我们身上的汗毛会竖起来，这是由汗毛根部的细小肌肉收缩引起的。这时候，我们的皮肤看起来就像被拔光了毛的鸡的皮肤：我们身上起了鸡皮疙瘩！

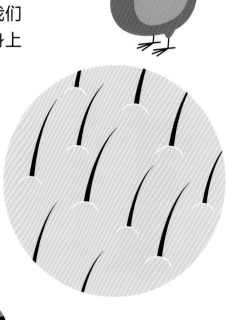

我们祖先身体上的汗毛要比我们多得多。当天气很冷的时候，他们身上的汗毛竖立起来能留住靠近皮肤的空气，从而减少身体热量的散失。

今天，我们依然在使用这种机制保暖——利用我们的衣服！我们穿上蓬松的羽绒服，或者穿好几层衣服：各层衣服之间的空气会保留住我们的热量。

当我们非常冷或非常热时，温度**感受器**会通知我们的大脑。这些感受器由位于脑部的一小片区域——**下丘脑**控制着。多亏了这些感受器，下丘脑能一直知道我们需要保暖还是降温。这就是**温度觉**的意义所在。

大脑的作用是使我们的身体维持在一个保证生命活动正常进行所必需的温度——37 摄氏度。**细胞**则通过使用身体的能量产生热量来帮助大脑维持体温。

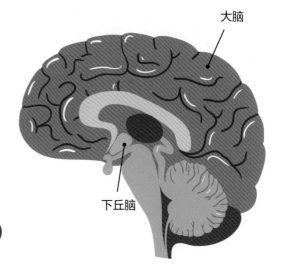

大脑

下丘脑

37.0℃

当我们的体温下降时，大脑会使流向四肢的血液减少，以保存体内的热量，我们的手脚因此会变得麻木。如果情况没有得到改善，我们会打寒战：皮肤下的**肌肉**快速收缩，从而产生热量。

当我们非常热时，大脑会激活皮肤下的腺体，这些腺体通过产生汗液来使我们的体温降低！

为什么肚子会咕噜咕噜叫 ❓

有时候，当我们饿了，我们的肚子里就好像有只怪物在吼叫。然而，这种咕噜声与饥饿的感觉无关。

咕噜咕噜！

我饿

这些咕噜声是由肠道里的液体和气体的运动引起的。我们常常在吃饭前听到这种声音，因为饭前肠道**肌肉**的收缩加强，以便清空胃并做好消化的准备。更重要的原因是，当胃被清空时，那些声音会产生回响。

当来自血液和胃部的信号告诉**下丘脑**我们的身体需要能量时，就会触发饥饿感，寻找食物就成了当务之急。缺少**葡萄糖**——**大脑**的养料，会令我们变得烦躁易怒。

在我们吃东西的时候，另一些信号会告诉下丘脑进入到胃部的食物的数量和质量。当储存了足够的能量时，就会产生**饱腹感**：我们不再感到饥饿，是时候停止进食了。

下丘脑除了能产生饥饿感和饱腹感来管理能量需求以外，还存在一个控制饮水的中枢，当这里的**感受器**告诉它你的身体缺少水分时，便会引发口渴的感觉。

为什么伤口会疼？

哎哟！有时候，当我们受伤时，我们希望自己不会感觉到疼。但我们能感觉到疼痛是一件幸运的事，因为这是对我们最好的保护。

疼痛是身体提醒我们要对它所遭受的伤害有所警觉的方式。这样我们就能远离危险，保护好身体。

如果没有疼痛，我们就不会觉得有必要给伤口消毒来帮助身体杀死微生物。

在痛觉感受器的帮助下，**痛觉**将所有可能损害我们身体的情况告诉**大脑**，比如：过高或过低的温度、强力的捏掐、电击、**微生物**入侵……

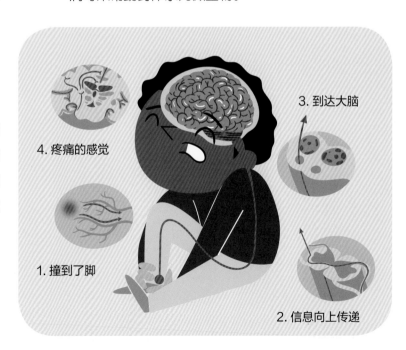

3. 到达大脑

4. 疼痛的感觉

1. 撞到了脚

2. 信息向上传递

与此同时，我们的身体会启动许多反应来提醒大脑注意出现的问题，比如：带来足够使伤口愈合的血液，并唤醒抵抗微生物的战士——免疫系统。

因此，我们的伤口会发红、发热、肿胀和疼痛。这就是炎症反应。

疼痛的感觉是由大脑启动的。当我们触碰到一盘热腾腾的菜而被烫到时，出于**反射**，我们首先会将手缩回来。只有当信息到达大脑后，我们才会感觉到疼。

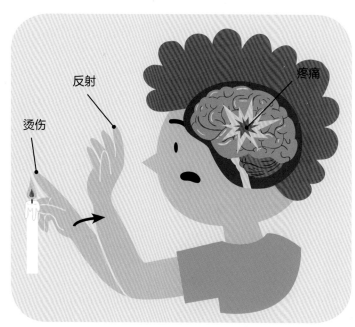

反射

疼痛

烫伤

小实验

揉揉你的包！

不小心碰了一下，很疼吗？你揉了揉包，真是奇迹，包没那么疼了！因为在你揉搓皮肤时，一些**触觉**感受器被激活了，从而传递给大脑很多其他信息让它去分析，转移了大脑对疼痛的"注意力"。

为什么狗会到处闻？

　　我们的手、地面、柱子……这一切都很容易引起狗鼻子的好奇。这很正常，因为狗的嗅觉非常发达，对于它们来说，气味就意味着无处不在的信息！

　　所有的生物都有感觉！有些生物的感觉和我们人类的一样，只不过比我们的更发达或者没有我们的发达：猫的眼睛里有更多**视杆细胞**，这能让它们在夜晚都看得很清楚；但它们的**视锥细胞**比较少，因此它们看颜色和细节就比较费劲。

鳟（zūn）鱼、蜜蜂以及一些候鸟对**地磁**非常敏感，它们就像指南针一样，能非常准确地辨别方向。

视觉能力最好的动物是猛禽——那些需要从很远的地方发现猎物的鸟类。鹰能在 2 千米之外看到野兔的行动！

蝮蛇的鼻孔和眼睛之间有颊（jiá）窝，这让它们能探测到热量，从而在黑暗中捕食。

气味之路

观察那些来来往往觅食的蚂蚁，并在它们经过的路上放置一些障碍物。会发生什么呢？

最前面的蚂蚁会选择不同的道路绕过障碍物。然后，慢慢地，所有蚂蚁都会选择最短的路线。每一只蚂蚁通过时都会留下一些气味，即**信息素**，后面的蚂蚁能用它们的触角检测到这些气味。就这样，前面的蚂蚁给后面的蚂蚁指明了道路！

当我们丧失一种感觉时会发生什么？

　　有时，人们会因为衰老、事故或者疾病而丧失一种感觉。此时，他们就必须学会用不同的方式生活。

　　我们的感觉像一个团队一样在工作，它们不断地为**大脑**提供大量信息。

　　当一种感觉缺失时，大脑会进行自我重组。没有了**视觉**，其他感觉会被用得更多并得到改善，尤其是**听觉**和**触觉**。

　　味觉依赖于**嗅觉**，当我们失去嗅觉时，我们也失去了很大一部分味觉。而失去**痛觉**是非常严重的，因为如果没有受伤警告信号，我们可能会使自己受到非常严重的伤害。

我们也可能会不完全丧失一种感觉，比如，我们可能会有视力障碍。

有些人看远处很模糊，他们是**近视**患者。**部分色盲**患者会将一些颜色混淆；**全色盲**患者则根本看不到颜色。

正常视力　　近视患者　　部分色盲患者　　全色盲患者

当我们失去了：

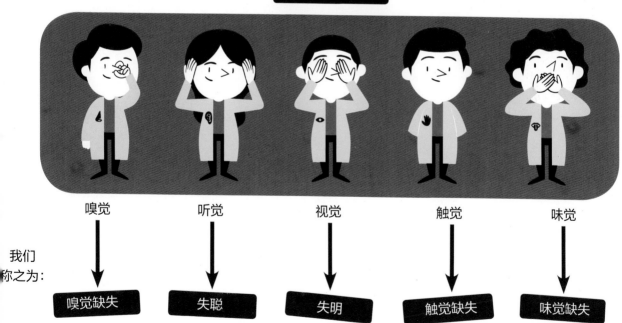

嗅觉　　听觉　　视觉　　触觉　　味觉

我们称之为：

嗅觉缺失　　失聪　　失明　　触觉缺失　　味觉缺失

我们可能有一些超级感觉吗？

我们每个人的大脑都不一样，因为我们从父母那里继承的基因、我们身处的环境以及我们所学的东西都是不一样的。有些人拥有令人难以置信的感觉。

有些人的视力能超过 15/10（以斯内伦视力表测试），也就是说，他们能在 100 米远处，看到两个相距只有 2 厘米的点！

还有一些人拥有绝对音感，不管他们听到什么声音，都能知道其相应的音高。

有些人拥有一种鲜为人知的能力：**联觉**。他们的大脑能将两种感觉联合起来。举个例子，当他们听到特定的声音时，会看到一些颜色。他们能把任何激发他们灵感的音乐"画"出来。最常见的联觉是有些人看到的字母是有颜色的。

我们每个人都有偏好使用的感觉，尤其是当我们必须记住某些东西的时候。有些人更多地使用视觉，有些人更喜欢使用听觉，还有一些人是**运动知觉联觉者**——他们能将他们所学的东西与运动以及周围的事物联系起来，比如一种声音、一种气味、一个地方……

小实验

你最喜欢使用的感觉是什么？

1. 请一个人为你写 3 张单子，每张单子上分别写 6 个不同的词（或者更多）。

2. 尝试用不同的方法记住这 3 张单子的内容，每张单子用时 2 分钟：用写或者画图表的方法记第一张单子；用高声重复朗读的方法记第二张单子；用在房间里边走边记的方式记第三张单子。

3. 哪张单子记得最清楚？

关于感觉的小词典

　　这两页内容向你解释了当人们谈论感觉时最常用到的词，便于你在家或学校听到这些词时，更好地理解它们。正文中的加粗词汇在小词典中都能找到。

饱腹感：已经吃饱了的感觉。

本体觉：觉知到我们身体各个部位的位置的感觉。

鼻后嗅觉：嗅觉纤毛对从口腔进入鼻腔的气味的感知。

鼻涕：鼻子中产生的黏性物质，可以捕获异物。

部分色盲：与眼睛有关的疾病。部分色盲患者会混淆某些颜色。

触觉：能探测到有东西正在与我们的皮肤接触的感觉。

大脑：位于头部的器官，它接收来自感官的各种信息并控制我们的整个身体。

淡而无味：没有味道，没有滋味。

地磁：地核像磁铁般发出的波。它们形成了一个保护我们的防护层，比如保护我们免受太阳风的伤害。

耳垢：我们耳朵里产生的一种蜡状物，可以保护耳朵免受异物的损害。

反射：非常快的动作，不用经过思索就对一种情况做出的反应。

感染：细菌或病毒侵入我们的身体，使我们生病。

感受器：接收来自感官的信息并把这些信息传递给大脑的神经元。

鼓膜：耳朵内很脆弱的薄膜，能让我们听到声音。

关节：两块骨头之间相连的区域，使骨头能够活动。

饥饿感：因饥饿而产生的感觉。

肌肉：身体的组成部分，能让我们移动并拥有力量。

近视：看远处的东西模糊不清的疾病。

联觉：不自主地将两种感觉联合在一起的现象。比如说，有些人能"看见"音乐。

盲文：路易·布莱叶发明的由凸起的点组成的

文字，让盲人能够用手指阅读。

平衡觉：对平衡的感知。

葡萄糖：一种十分常见的单糖。

前庭：位于耳朵深处（内耳）的区域，负责身体的平衡感。

全色盲：一种与眼睛有关的罕见疾病，患者看到的东西都是黑白的。

神经元：在大脑和身体其他部位之间传递信息的细胞。

视杆细胞：眼睛中的细胞，能让人在暗光中辨别事物。

视觉：用来探测光线的感觉，它让我们能看到万物。

视锥细胞：眼睛中能让人辨别颜色的细胞。

听觉：对声音的感知。

痛觉：对疼痛的感知。

微生物：肉眼看不到的微小生物。它经常会引起疾病。

味觉：能够让我们识别食物味道的感觉。

味蕾：舌头上的含有味觉感受器的小凸起。

温度觉：对温度的感知。

吸收：留住，拦住。

细胞：微小的有机体，构成了我们的整个身体。

下丘脑：脑部的一个区域，主要控制温度觉、饥饿感和饱腹感。

显微镜：能将我们观察的事物放大的仪器。

香气：芳香、好闻的气味。

信息素：许多动物都会分泌的、用于交流的化学物质。

嗅觉：对气味的感知。

嗅觉纤毛：嗅觉器官的感受器，位于鼻子深处。

咽：呼吸道和消化道都经过的颈部空腔。

运动知觉联觉者：需要通过运动记住某些东西，并能将他学到的东西与他的动作以及周围的事物联系在一起的人。

振动：有规律的震颤。

图书在版编目（CIP）数据

感觉 ／（法）安热莉克·勒图泽著；（法）马克－艾蒂安·潘特绘；唐波译．— 北京：北京时代华文书局，2022.4
（我的小问题．科学）
ISBN 978-7-5699-4557-7

Ⅰ．①感… Ⅱ．①安… ②马… ③唐… Ⅲ．①感觉—儿童读物 Ⅳ．① B842.2-49

中国版本图书馆 CIP 数据核字（2022）第 035607 号

Written by Angélique Le Touze, illustrated by Marc-Étienne Peintre
Les 5 sens – Mes p'tites questions sciences © Éditions Milan, France, 2018
北京市版权著作权合同登记号　图字：01-2020-5898

本书中文简体字版由北京阿卡狄亚文化传播有限公司版权引进并授予北京时代华文书局有限公司在中华人民共和国出版发行。

我 的 小 问 题 · 科 学　 感 觉
Wo　de　Xiao　Wenti　　Kexue　　Ganjue

著　　者｜〔法〕安热莉克·勒图泽
绘　　者｜〔法〕马克－艾蒂安·潘特
译　　者｜唐　波

出 版 人｜陈　涛
选题策划｜阿卡狄亚童书馆
策划编辑｜许日春
责任编辑｜石乃月
责任校对｜张彦翔
特约编辑｜申利静
装帧设计｜阿卡狄亚·戚少君
责任印制｜訾　敬
营销推广｜阿卡狄亚童书馆
出版发行｜北京时代华文书局 http://www.bjsdsj.com.cn
　　　　　北京市东城区安定门外大街 138 号皇城国际大厦 A 座 8 楼
　　　　　邮编：100011 电话：010-64267955 64267677
印　　刷｜小森印刷（北京）有限公司　010-80215076
开　　本｜787mm×1194mm　1/24　　印　张｜1.5　　字　数｜36 千字
版　　次｜2022 年 5 月第 1 版　　印　次｜2022 年 5 月第 1 次印刷
书　　号｜ISBN 978-7-5699-4557-7
定　　价｜118.40 元（全 8 册）